LES

ENGRAIS CHIMIQUES

ET LES

MATIÈRES FERTILISANTES

A L'EXPOSITION UNIVERSELLE DE VIENNE EN 1873,

PAR

A. PETERMANN,

Docteur en sciences,
Directeur de la Station agricole de Gembloux.

BRUXELLES,
IMPRIMERIE ET LITHOGRAPHIE DE E. GUYOT,
Rue de Pachéco, 12.

1874

IIe GROUPE.

ENGRAIS ET MATIÈRES FERTILISANT LE SOL.

RAPPORT adressé à M. le Ministre de l'intérieur par M. PETERMANN, directeur de la station agronomique de Gembloux.

MONSIEUR LE MINISTRE,

« Les principes qui ont été mis récemment en lumière par les écrits de l'illustre Liebig et qui doivent désormais servir de règle aux agriculteurs s'imposent, par leur caractère de vérité, à tous les esprits éclairés. L'Exposition de Paris a montré qu'ils ont eu déjà pour conséquence d'imprimer dans toute l'Europe une vigoureuse impulsion à la fabrication des engrais artificiels et de provoquer la recherche active de nouveaux agents naturels de fertilisation. »

Six ans se sont écoulés depuis que le rapporteur belge de la partie agricole de l'Exposition de Paris de 1867 a écrit les lignes précédentes. Je ne puis placer en tête de mon travail sur les matières fertilisantes à l'Exposition de Vienne d'épigraphe plus vraie et mieux appropriée à mon sujet.

Lorsque, de 1840 à 1850, Liebig a rompu avec les anciennes idées qui avaient cours sur l'alimentation des végétaux et qu'il a établi sa nouvelle doctrine de la nutrition minérale des plantes, personne ne pouvait prévoir que cette doctrine deviendrait bientôt le point de départ d'une ère nouvelle pour l'agriculture, la base d'un commerce important, qui donne lieu annuellement à des transactions se chiffrant par des centaines de millions, et l'objet d'une industrie florissante qui occupe des milliers d'ouvriers.

Même en 1855, époque à laquelle Liebig formula les résultats de ses recherches et des travaux de son école en cinquante aphorismes qui resteront le Code de la science agricole, époque où déjà bon nombre de praticiens s'étaient rangés de son côté, on ne prévoyait pas encore l'importance capitale de la nouvelle théorie. Ce n'est qu'à l'Exposition de Londres, en 1862, que l'industrie des engrais chimiques donna les premiers signes de vie ; celle de Paris témoignait déjà de la vigoureuse impulsion que lui imprima la théorie de Liebig ; mais l'Exposition de Vienne vient de démontrer au public agricole la vérité de l'assertion d'un savant américain, M. Francis Holmes : « Le temps dans lequel nous vivons est l'époque des phosphates et des matières fertilisantes, qui ont plus de valeur pour l'humanité que les mines de diamants de Golconde et le sable d'or de la Californie. »

Il est regrettable que la Providence n'ait pas prolongé de quelques mois la vie de l'illustre chimiste. Il aurait pu trouver à Vienne la plus douce satisfaction qui soit réservée à l'homme de science, en constatant que sa doctrine est devenue le bien commun de tous les peuples ; il aurait pu se dire ce que l'auteur des Chroniques agricoles de l'Allemagne du *Journal agricole du Brabant* écrivait à l'occasion de la mort de ce savant : « Mon œuvre est comprise. »

Les matières fertilisantes à l'Exposition de Vienne étaient, en majeure partie, réunies dans le second groupe (agriculture) ; mais un nombre considérable de ces matières se trouvaient aussi parmi les produits chimiques (groupe III), et quelques-unes étaient placées parmi les produits des mines (groupe I).

Le nombre total des exposants se répartissait entre les pays et les différents groupes de la manière suivante :

	I.	II.	III.
Angleterre et colonies . . .	1	7	2
Autriche	»	12	11
Allemagne.	1	53	15
Amérique (Etats-Unis) . .	1	2	»
Belgique	»	3	3
Brésil	1	»	»
Chine	»	2	2
Danemark	»	2	»
Egypte	»	2	»
Espagne	1	6	2
A reporter. . .	5	89	35

Report. . .	5	89	35
France	»	8	5
Hollande	»	1	2
Hongrie	»	»	2
Hawaï	»	1	»
Italie	»	10	4
Japon	»	1	»
Norvége	1	4	»
Portugal	»	1	»
Russie	»	9	2
Suède	1	12	1
Uruguay	»	2	»
Venezuela	»	1	»
	7	139	51

Ces 197 exposants présentaient un nombre considérable d'objets et d'échantillons. On ne doit pas s'attendre à nous les voir passer tous en revue dans cet aperçu, ni à donner une description détaillée des matières fertilisantes exposées. Indiquer en traits généraux l'état actuel de l'importante industrie des engrais, faire ressortir les nouveaux procédés de fabrication et fixer surtout l'attention des intéressés sur de nouvelles matières premières trouvées pendant les dernières années sur différents points du globe, tel est le but que nous nous sommes proposé en écrivant ce rapport.

Au premier rang des corps à étudier se placent les *os*. Les os constituent une des matières fertilisantes le plus anciennement employées à titre d'engrais auxiliaire, comme complément du fumier ; depuis longtemps déjà, ils forment à ce point de vue un article important de commerce. Quoique, en France, de temps immémorial, les cultivateurs des environs de Thiers (Puy-de-Dôme) aient appliqué aux terres les débris de leur coutellerie (1), ce n'est que depuis qu'un cultivateur de la Prusse rhénane, en 1802, obtint de fortes augmentations de récoltes par l'emploi des os broyés, que l'usage de cet engrais s'est généralisé. Ce fait, une fois acquis à la pratique, fut bientôt confirmé et expliqué par les recherches de Th. de Saussure, ce qui l'autorisa à écrire en 1804 :

« Le phosphate de chaux contenu dans un animal ne constitue peut-être pas la 5/100 partie de son poids ; personne ne doute cependant que ce sel ne soit essentiel à la constitution de ses os. J'ai trouvé ce même composé dans les cendres de tous les végétaux où je l'ai recherché, et nous n'avons aucune raison pour affirmer qu'ils puissent exister sans lui. »

L'emploi des os trouva bientôt de chauds partisans en Angleterre et, plus tard, en France et en Allemagne. Actuellement les os possèdent la faveur des cultivateurs des deux hémisphères et nous n'avons pas trouvé de pays (à l'exception de la Turquie) qui, parmi ses produits exposés à Vienne, n'ait compté quelques préparations d'os destinés à

(1) *Traité des amendements*, par A. PUVIS, p. 483.

l'agriculture. Peu à peu, presque tous les établissements industriels où l'on travaille les os, soit pour en extraire le phosphore, la colle, la gélatine ou la graisse, soit pour en fabriquer des boutons ou du noir animal, ont entrepris, comme complément de leur fabrication, celle des engrais.

Suivant la nature de l'industrie qui emploie les os, les produits qui en dérivent et dont peut profiter l'agriculture se classent de la manière suivante :

1° *Les os bruts broyés*, les sciures, râpures et tournures d'os;

2° *La poudre d'os bouillis*, fabriquée à l'aide d'os qui ont été privés, par la vapeur d'eau, de leur graisse. La présence de celle-ci, ainsi que cela a été démontré, est un obstacle à la décomposition (dissolution) des os dans la terre;

3° *Le phosphate d'os*, provenant d'os épuisés de leurs matières grasses et azotées (gélatine) ;

4° *Le phosphate de chaux précipité*, provenant des fabriques qui préparent la gélatine en dissolvant les os bruts dans l'acide chlorhydrique et en précipitant ensuite la solution du phosphate par l'ammoniaque ou par la chaux ;

5° *Le noir animal*, résidu de la calcination des os en vases clos, livré à l'agriculture après avoir servi à l'industrie sucrière;

6° *Le superphosphate d'os*, obtenu en traitant les os par l'acide sulfurique.

La Belgique, sous ce rapport, était très-bien représentée à Vienne par les produits de M. *Barbençon*, de Bruxelles, qui exposait, entre autres produits que nous mentionnerons plus tard, de la poudre d'os; puis par la *Société pour la fabrication des produits phosphatés* (Gustave Dewit et Cie), de Vilvorde.

Cet établissement, unique dans son genre, produit annuellement, à l'aide de 200 ouvriers et 3 générateurs de 250 chevaux de force, 8 à 9 millions de kilogrammes de phosphate d'os, dont voici la composition moyenne :

Phosphate de chaux	59.12
Matières organiques *	15.36
Sable	1.61
Carbonate de chaux	5.16
Eau et pertes	14.44
Sulfate de chaux, oxyde de fer . . .	4.31
	100.00
* Contenant en azote	2.07

MM. Gustave Dewit et Cie fournissent également à l'agriculture du *phosphate de chaux précipité,* avec un titre moyen de 75 p. c. de phosphate de chaux tribasique.

La Russie, qui, autrefois, exportait des quantités immenses d'os vers l'Angleterre, a commencé, depuis quelques années, à les travailler dans le pays, soit pour la préparation du noir animal nécessaire à l'industrie sucrière, soit pour leur transformation en engrais. Les produits de M. *Thomson*, de Riga, et de M. *Spiess*, de Varsovie, démontrent que cette nouvelle industrie est dans une bonne voie; le dernier établissement a produit, en 1872, pour 150,000 roubles de poudre d'os.

L'Allemagne exportait, en 1825, par le seul port de Rostock, près de 2 millions de kilogrammes d'os; aujourd'hui, au contraire, il existe dans ce pays d'innombrables usines qui réduisent les os en poudre pour les usages agricoles. Il y a même des provinces (Lusace saxonne) où chaque ville et chaque village de quelque importance possèdent au moins un moulin à broyer les os. Cette forte concurrence a naturellement exercé une influence salutaire sur la qualité des produits qui, au point de vue de leur composition et de leur état physique, sont arrivés à un haut degré de perfectionnement. Parmi les vingt-huit exposants de poudre d'os que l'on comptait dans l'exposition de l'Allemagne, nous citerons: la *Société pour la fabrication des produits chimiques agricoles* de Heufeld (Bavière), (valeur de la poudre d'os produite en 1872: 317,000 thalers); la fabrique de M. *Vitter*, de Berlin, qui a travaillé, en 1871, 6 millions de kilogrammes d'os bruts; celle du Dr *Cohn*, de Moabit (Prusse); l'établissement de MM. *Schoering, Rasim et Cie*, à Ziegenhals (Silésie), dont la poudre d'os bouillis notamment était d'une qualité remarquable et aussi fine que de la farine de froment.

La fabrique de M. *O. Heymann* (Breslau) fournit de la poudre d'os à 4.1 p. c. d'azote et 22.2 p. c. d'acide phosphorique; celle de *Linden* (Hanovre) offre à l'agriculture une marchandise qui, d'après l'analyse faite à la station agricole de Vienne, contient 4.39 p. c. d'azote et 18.86 p. c. d'acide phosphorique.

La *Chemische Produkten Fabrik* de M. *Margulies*, à Rannersdorf (Autriche), prépare, à l'aide de 2 turbines, 1 machine à vapeur et 70 ouvriers, annuellement 1 million de kilogrammes de poudre d'os.

Du *phosphate de chaux précipité* était exposé par l'établissement agricole et industriel de M. *Michaux* (Seine-et-Oise) et par MM. *Coignet père et fils*, de Paris. Cette importante maison exposait également un nouvel engrais obtenu avec des matières animales torréfiées.

Nous avons eu tout récemment l'occasion d'en analyser un échantillon, que MM. Coignet nous ont adressé; il avait la composition suivante :

100 parties d'engrais Coignet *A* contiennent :

Eau éliminable à 105°C	7.60
Matières organiques	55.75
Acide phosphorique	14.39
Chaux et autres matières minérales.	22.26
	100.00
Azote sous forme de matières organiques torréfiées	6.02
Azote sous forme d'ammoniaque immédiatement assimilable . .	0.71
Azote total. . .	6.73

L'engrais Coignet se distingue d'autres produits également fabriqués avec des matières animales, telles qu'os, chair, déchets de peau, de cuir, cornes, sabots, poils, etc., par les qualités suivantes :

1° Il a l'aspect d'une poudre sèche, homogène, d'un épandage facile et permettant un mélange intime avec la terre ;

2° Une extrême friabilité du phosphate de chaux, due au mode de traitement des os dégélatinés adopté par MM. Coignet, ce qui doit nécessairement faciliter la dissolution du sel dans le sol sous l'influence de l'eau, de l'acide carbonique et des matières organiques ;

3° La présence de matières organiques animales dont la décomposition (transformation en ammoniaque et acide nitrique) est beaucoup accélérée par la torréfaction que l'on fait subir aux matières premières.

Deux pays, la Hongrie et l'Italie, où l'emploi des engrais auxiliaires du commerce date à peine de quelques années, mais où il prend maintenant la plus grande extension, avaient également exposé des engrais dérivant des os. Nous citerons tout d'abord la *Première Société pour la fabrication du noir animal et de la poudre d'os*, de Pesth, la *Société pour la fabrication d'engrais chimiques*, de Vigheffio (Italie), l'établissement du Dr *Alessandro Bizarri*, de Florence, qui avait exposé un bel échantillon *d'os préparés chimiquement*. Cet engrais est spécialement recommandé par l'exposant comme « un nouveau système pour fumer les champs à froment ».

Sous la dénomination vague *d'os chimiquement préparés*, on doit comprendre vraisemblablement des os traités par l'acide sulfurique. S'il en est ainsi et si M. Bizarri est l'introducteur de la fabrication des superphosphates en Italie, nous ne pourrons que le féliciter. Ce défaut de renseignements précis, que malheureusement nous avons eu l'occasion de constater très-souvent, nuit beaucoup à l'utilité de pareilles expositions. Nous reviendrons, du reste, sur ce point.

Parmi les produits provenant du traitement des os et exposés par l'Allemagne, les *Futterknochenmehle* (poudre d'os alimentaires) étaient très-nombreuses. Dans certaines provinces, l'usage est assez répandu d'ajouter du phosphate d'os, aussi divisé que possible, aux fourrages consommés par les animaux d'élevage. On veut ainsi suppléer à la pénurie en phosphates de certains fourrages et livrer à l'animal l'élément le plus indispensable à l'édification de la charpente osseuse. Nous nous bornons à citer les beaux produits de M. *Vitter*, à Berlin, et de MM. *d'Avis et Klein*, à Oberingelheim (Hesse).

Quoique le traitement industriel des os livre des quantités considérables de phosphates, il est loin de pouvoir suffire à la demande progressive de l'agriculture en engrais phosphatés. Heureusement que nous disposons de nouvelles sources inépuisables de cet élément dans les gisements considérables de minerais phosphatés.

Les phosphates naturels (apatite, phosphorite, coprolithe,

wawellite, nodules, etc.) formaient certainement la partie la plus intéressante et la plus remarquable de l'exposition des matières fertilisantes. Les milliers d'échantillons de phosphates réunis à Vienne provenaient de presque tous les points de l'univers. Ils ont été trouvés dans les conditions les plus différentes, tantôt sous forme de nodules, tantôt sous forme de vrais boulets, formant ici des roches dures, comme le quartz, là des dépôts terreux faciles à écraser. Quelquefois ils se présentent en cristaux parfaitement développés, d'autres fois en masse informe et passant par toutes les couleurs possibles, depuis le blanc jusqu'au brun foncé. Il est réellement difficile de donner un résumé un peu complet de tout ce que l'Exposition de Vienne offrait d'intéressant au point de vue de l'histoire naturelle de l'acide phosphorique. Des produits variés et nombreux s'y rapportant se trouvaient réunis en collections plus ou moins complètes ; les unes étaient disposées de manière à frapper tout de suite l'œil du visiteur ; les autres, dissimulées, n'étaient découvertes que par l'amateur ; ailleurs elles figuraient au milieu des exhibitions d'établissements scientifiques et de sociétés agricoles, ou enfin parmi les produits des commerçants ou fabricants d'engrais. Hâtons-nous, au moins, de citer la riche collection de phosphates anglais, français, allemands, espagnols et américains de M. *Edward Packard* (Ipswich), qui offrait le plus grand intérêt non-seulement au point de vue de l'emploi de ces substances comme engrais, mais aussi au point de vue géologique. M. Packard expose un modèle d'une fabrique de superphosphate. La maison Packard, unique dans son genre, possède trois fabriques en Angleterre, deux en Allemagne, une en Norvége, une en France ; cette maison occupe 1,500 ouvriers en Angleterre, 1,000 en France, 100 en Norvége, 500 en Allemagne et 2,000 chevaux-vapeur. Les produits qu'elle fabrique annuellement ont une valeur de 300,000 livres sterling.

N'oublions pas l'intéressante collection de M. *Güssefeld*, de Hambourg, où l'on remarquait des phosphates nouvellement découverts à Carolina, aux îles Starbuck, et des échantillons de Saint-Martins-phosphate. Citons également les différents types de phosphates autrichiens, russes et d'autres pays exposés par la *Station agricole de Vienne* (directeur, M. Moser).

Les phosphates allemands trouvés vers 1850, en immenses gisements, dans les formations dolomitiques situées entre les rivières de la Lahn et de la Nahe, étaient exposés par les exploitants, MM. *Meyer et Cie* (Limbourg-ander-Lahn) ; par M. *Garland* (Phosphorite Company limited de Limbourg), dont l'établissement, fondé depuis 1871, occupe déjà 270 ouvriers; par la maison *H.-E. Albert* (Biberich et Mayence), et par MM. *Müller, Packard et Cie*, qui extraient annuellement 15 millions de kilogrammes de phosphorite de la Lahn.

Dans l'exposition de *Hawaï*, on remarquait des échantillons de « phosphate-guano », dont on a découvert d'importants gisements dans l'île Enderburg et qui sont exploités par la *Phœnix Guano Company* de Honolulu.

Ces phosphates se trouvent dans les régions équatoriales du Pacifique, au sud de l'équateur, sur un groupe d'îles connu sous le nom de « Phœnix Islands ». La partie submergée de ces îles, jusqu'à une profondeur de cinquante pieds au moins, ainsi que la portion qui s'élève au-dessus du niveau de la mer, est de formation essentiellement madréporique, laquelle formation repose sur le sommet de quelque volcan sous-marin éteint. D'autre part, ces îles sont comme criblées de dépressions, de profondeur et d'étendue variables, qui furent jadis les lits d'autant de lagunes. C'est dans ces dépressions que se trouvent des dépôts de guano recouverts par une couche de sable, de galets et de corail désagrégé, parfois épaisse de six pieds La puissance des gisements varie de six pouces à quatre pieds. Dans les lits les plus anciens, les dépôts de matière pulvérulente sont superposés à des masses de roches phosphatiques d'une grande puissance.

C'est au mois de novembre 1872 que j'ai reçu, par l'intermédiaire de M. Morhange, consul général de Belgique à San-Francisco, les premiers échantillons qui arrivaient en Europe. Leur richesse tout à fait exceptionnelle est démontrée par les analyses suivantes. Nous devons faire remarquer que les échantillons I, II, III représentent la composition de différents gisements de roches phosphatées, tandis que le n° IV donne les caractères de ce qui est ramassé à la surface.

Composition des phosphates des îles Phœnix.

	I.	II.	III.	IV.
Humidité	1.19	1.19	2.08	2.39
Matières organiques *	2.03	5.22	3.97	10.60
Chaux	46.32	50.66	44.39	45.13
Magnésie	4.93	2.38	6.17	2.13
Acide carbonique. .	4.62	0.30	3.47	0.68
Acide phosphorique .	41.03	37.62	38.69	37.28
Acide sulfurique . .	0.20	3.05	1.88	1.22
Sable	0.22	0.99	0.24	0.10
Traces de fer, d'acalis et de fluor . . .	»	»	»	»
	100.54	101.41	100.89	99.53
* Contenant azote . .	0.39	0.77	0.61	0.77

La composition moyenne des n[os] I, II, III nous indique une richesse de 39.11 p. c. d'acide phosphorique. Les phosphates des îles Phœnix comptent parmi les meilleures matières premières qui existent pour la fabrication des superphosphates de chaux, non-seulement parce que leur titre en phosphate de chaux est très-élevé, mais surtout parce qu'ils sont très-pauvres en carbonates et qu'ils ne contiennent que des traces de fer, qualités très-importantes pour la fabrication des superphosphates.

Parmi les phosphates les plus curieux de l'Exposition, figuraient les phosphates sphériques que MM. *Ath et Schwackhoefer* ont découverts, en 1871, dans la Galicie autrichienne, dans la Podolie russe et le long des rives du Dniester. Quoique j'aie déjà eu l'occasion de voir ces produits peu de temps après leur découverte, je me suis arrêté de nouveau avec le plus vif intérêt devant ces phosphates sphériques dont les plus beaux spécimens se trouvaient dans l'exposition de la station agricole de Vienne.

Les phosphates dont M. Schwackhoefer (1) constata la présence dans les schistes du terrain silurien présentent des caractères tout particuliers : ils sont d'une couleur noirâtre ou brune, d'une grosseur variant de $0^{m}02$ à $0^{m}18$ de diamètre, d'une densité de 2. 8 à 3; ces concrétions sphériques se distinguent, en outre, par leur structure fibreuse et radiée. A l'intérieur, ces phosphates renferment, le plus souvent, un noyau gris de carbonate de chaux; d'autres sont creux ou remplis d'une masse terreuse, noire ou brune. Entre les rayons se trouvent des grains de spath, d'oxyde de fer et de quartz. Chauffée dans l'obscurité, la poudre de ces phosphorites est très-phosphorescente.

Les nombreuses analyses que M. Schwackhoefer en a exécutées indiquent, pour des échantillons de différentes origines (Calluz, Tchourtchevka, Minkowetz et Liadowa), que la proportion de phosphate de chaux tribasique varie entre 50.64 et 84.72 p. c. et celle du carbonate de chaux de 1.95 à 25.75 p. c.; quant à la matière insoluble dans les acides, elle oscille entre 1.71 et 11.29 p. c.

(1) *Ueber die Phosphorit-Einlagerungen.* Jahrbuch der geologischen Reichsanstalt. Wien, 1871.

Le grand bassin crétacé de la Galicie autrichienne se relie au bassin crétacé du sud de la Russie, où des gisements de phosphates fossiles d'une étendue immense ont été découverts. Ils se présentent à l'état de cailloux noirs et rugueux, que l'on rencontre au centre de la Russie, aux environs de la ville de Koursk ; employés d'abord dans la construction des routes, ils furent reconnus par M. Khodnew, en 1858, comme étant du « grès d'apatite ». Cette constatation fut le signal de nombreuses expéditions géologiques et, depuis dix ans, de recherches chimiques dues à l'initiative du ministère des domaines. Les résultats des nombreux rapports publiés sur cette matière ont été réunis dans une brochure (1) dont l'auteur est M. Yermolow, le même qui a exposé dans le compartiment russe un plan de son champ d'expériences. C'est à cette intéressante étude et aux renseignements que son auteur a bien voulu nous donner, lors de sa visite à Gembloux, que nous devons les communications suivantes sur les phosphates russes.

Les dépôts de phosphate de chaux fossile embrassent en Russie plusieurs millions d'hectares. Ils peuvent être divisés en trois grandes catégories :

1° *Les dépôts primaires*, ayant pris naissance à la place même où on les découvre aujourd'hui. Ils sont dus à l'action dissolvante que les eaux chargées d'acide carbonique, s'infiltrant à travers les couches de grès ou de calcaire, exer-

(1) *Recherches sur les gisements de phosphate de chaux fossile en Russie.* Saint-Pétersbourg. 1873.

çaient sur les divers débris organiques et les autres matières phosphatées qu'elles rencontraient sur leur passage;

2° *Les dépôts de phosphate déplacés*, enlevés et transportés des lieux de leur origine par les eaux ;

3° *Les dépôts de formation secondaire*, produits par l'action désagrégeante de l'eau sur les dépôts de phosphates des deux premières catégories.

La forme que le phosphate revêt varie considérablement selon son origine ; il se présente, le plus souvent, sous l'aspect de nodules ou rognons, de volumes très-différents, noirs, bruns, gris ou verdâtres. Quelquefois, aux environs de Koursk, de Woronège, de Tambow, par exemple, le phosphate affecte la forme de dalles ; il apparaît en blocs massifs, presque semblables à de la pierre de taille, mais qui ne sont rien d'autre qu'une agglomération de rognons volumineux, réunis par une espèce de ciment.

Les résultats des nombreuses analyses opérées jusqu'ici diffèrent très-peu ; on estime la teneur moyenne des phosphates russes à 40 p. c. de phosphate de chaux tribasique et à 8 p. c. de carbonate de chaux.

M. *Richard Thomson*, de Riga, que nous avons déjà cité plus haut, et l'*Usine d'Oukoulow* (gouvernement de Koursk) ont seuls exposé des phosphates russes. Ce sont là, du reste, d'après M. Yermolow, les seuls établissements qui exploitent d'une manière rationnelle les richesses du pays. La plupart de ces immenses gisements attendent encore la pioche de l'ouvrier, qui viendra en extraire la précieuse matière qu'ils récèlent.

Les phosphates de l'Estramadure, dont les gisements près de Logrosan (Espagne) furent déjà étudiés en 1843 par M. Daubeny et qui, pendant longtemps, ont formé une des principales sources de l'acide phosphorique livré à l'Europe, sont assez connus pour pouvoir nous dispenser d'entrer dans de longs détails à leur sujet. De très-beaux échantillons figuraient à Vienne, mais leur nombre ne concordait guère avec les indications du catalogue espagnol, sans doute par suite des événements politiques qui déchirent ce pays. Les phosphates de Cacères, découverts en 1865 par M. R. de Luna, ont pour nous un intérêt tout spécial, parce que ce sont les mines de cette localité qui fournissent à l'agriculture belge annuellement 300,000 kilogrammes d'acide phosphorique, quantité contenue dans une récolte de 37 millions de kilogrammes de froment.

C'est M. *Leirens*, de Gand, qui, comme agent de la Banco Lusitano, importe en Belgique, par année, cinq à six chargements complets, dont les 4/5 servent pour les besoins de son usine, tandis que le reste est vendu, à l'état brut, à d'autres fabricants d'engrais. La quantité introduite s'est accrue rapidement, ainsi que l'indiquent les chiffres suivants :

En 1870,	elle a été de	127,000	kilogrammes.
» 1871	»	359,000	»
» 1872	»	527,800	»
» 1873	»	700,000	»

Quoique ces phosphates soient très-durs à broyer, la grande homogénéité de leur composition, la quantité relativement minime de carbonate de chaux qu'ils renferment et l'absence presque complète de fer leur donnent une grande supériorité sur d'autres produits similaires. Les chiffres suivants, extraits des registres d'analyses de la station agricole de Gembloux, confirment cette assertion :

Composition du phosphate de Cacères.

Les échantillons de	Mai,	Août,	Décembre 1872	renfermaient :
Phosphate de chaux	69.71	63.72	65.64	
Carbonate de chaux	17.46	14.00	11.41	

Les échantillons de	Février,	Juin,	Juillet,	Août 1873	renfermaient :
Phosphate de chaux	67.48	69.00	65.05	66.23	
Carbonate de chaux	11.59	8.99	8.04	9.25	

Composition moyenne.

Phosphate de chaux	66.69 p. c.
Carbonate de chaux	11.50 —

Ces phosphates renferment régulièrement du fluorure de calcium et des iodures.

Lors du traitement de ces phosphates par l'acide sulfurique pour la fabrication des surperphosphates, les vapeurs qui se dégagent, à un certain moment de la réaction, sont violettes et les murs des fosses dans lesquelles l'action s'opère se recouvrent souvent de cristaux d'iode.

Les belles collections de M. *Desailly*, à Grandpré

(Ardennes), et de MM. *Packard et C*[ie], à Villefranche-de-Rouergne (Aveyron), représentaient seules l'exploitation des phosphates fossiles français. Outre les gisements immenses de nodules et de coprolithes que possède la France dans la plus grande partie de la zone du terrain crétacé inférieur, et qui sont déjà exploités depuis une quinzaine d'années, on a encore trouvé des phosphates dans les départements du *Tarn-et-Garonne*, du *Lot*, de l'*Aveyron* et à *Bellegarde*. Ces découvertes successives font que la France est aujourd'hui plus riche que tous les autres pays en cette précieuse matière, dont M. Elie de Beaumont, à qui en est due la découverte, a pu dire avec raison : « Le phosphate est à l'agriculture ce que la houille est à l'industrie. »

D'après les recherches de M. *Bobierre* (1), différentes variétés des phosphates de chaux de Caylux ont donné la composition suivante en acide phosphorique :

I	II	III	IV	V	VI	VII	VIII	
38.0	32.9	36.5	35.8	36.8	37.1	37.0	38.3	p. c.

M. *Voelcker*, de Londres, admet, d'après ses analyses, que le titre moyen des phosphates du Lot est de 35 p. c. d'acide phosphorique ; M. *Combes* indique 32 p. c. comme étant celui des phosphates de Quercy.

Le phosphate fossile est également répandu en *Belgique*. Nous n'en voulons pour preuves que les découvertes faites

(1) *Comptes rendus*. T. LXXIII, p. 1361.

par M. *Dethier*, à *Baelen*, celles de M. *Dor*, à *Ramelot*, les calcaires phosphatés de la *Faille-de-Pry*, le calcaire à polypiers de M. *Bortier*, de *Ghistelles*, le phosphorite et le calcaire à polypiers de *Ciply*, de *Maestricht* et de *Folx-les-Caves*, lequel figurait, à Vienne, dans la collection de terres recueillies par M. *Malaise*, professeur à l'Institut agricole de l'État, et exposée par le Département de l'intérieur.

D'un autre côté, les nombreux échantillons de nodules et de pierres calcaires phosphatés qui ont été soumis, pendant les années 1872 et 1873, à notre examen indiquent suffisamment que l'acide phosphorique n'est pas rare en Belgique et que la recherche des phosphates est considérée comme une question de première importance.

Au nombre des échantillons que j'ai reçus, je citerai notamment un calcaire à polypiers provenant du *poudingue de la Malogne*, qui m'a été remis par M. Lejeune, directeur de l'Institut agricole de l'État, et qui a été analysé dans mon laboratoire par M. Simon. Voici la composition constatée :

Chaux	51.22
Magnésie	1.30
Oxyde de fer et alumine	2.56
Potasse	0.21
Soude	0.53
A reporter. . . .	55.82

Report. . .	55.82
Acide carbonique.	18.61
Acide sulfurique	1.36
Acide phosphorique	22.48
Acide silicique	1.14
Insoluble dans les acides	0.22
Traces de manganèse, de fluor et de chlore, non dosé	0.37
	100.00

Un échantillon de phosphate que M. *Malaise* a récemment trouvé à *Orp-le-Grand* (Brabant) renfermait 16.57 p. c. d'acide phosphorique ; et quatre échantillons de phosphate de Ciply qui nous ont été adressés par M. *Laduron* (*Saint-Ghislain*) titraient :

I	II	III	IV	
19.02	25.72	15.17	17.82	p. c. d'acide phosphorique.

La moyenne de 19.43 p. c. d'acide phosphorique correspond à 42.42 p. c. de phosphate de chaux.

Il ressort de tout ce que nous venons de dire que l'acide phosphorique est très-répandu en Belgique. Ce qui nous manque, ce sont des gisements de phosphates facilement et avantageusement exploitables et dont la richesse en matières fertilisantes soit telle que l'emploi n'en soit pas limité aux environs des lieux d'extraction. Il faudrait pour cela, indépendamment d'un titre assez élevé en phosphate de chaux pour pouvoir supporter des frais de transport, qu'ils ne renferment surtout pas trop de carbonate de chaux, afin de faciliter leur décomposition par l'acide sulfurique.

Si les différentes exploitations de phosphates entreprises en Belgique n'ont pas réussi, c'est parce que les gisements connus jusqu'à présent ne remplissaient pas ces conditions (1). Aussi ne faut-il pas rendre les cultivateurs responsables de ces échecs; il n'y a pas lieu, à ce sujet, de les accuser d'indifférence ou d'ignorance sur la valeur et l'importance de l'emploi des phosphates. En effet, ce n'est certes pas à l'agriculture belge qu'on peut adresser ces mots de M. Malaguti : « Rester indifférent à la découverte du phosphate de chaux, c'est se rendre coupable de lèse-humanité. » L'importation annuelle, en Belgique, de millions de kilogrammes de phosphates et de superphosphates de chaux, et le travail considérable d'une dizaine de fabriques de superphosphates sont bien la preuve que l'agriculture belge a compris toute l'importance du rôle joué par les phosphates dans l'entretien de la fertilité du sol.

En citant encore les *phosphates* trouvés, en Norvége, dans les mines d'*Oedegaard* (Bamble), les phosphates suédois exposés par M. *Bergstrand,* de Stockholm, par M. *Schmidt*, de Falun, et les nombreux échantillons, sans indication de richesse, réunis dans l'exposition du gouvernement du *Venezuela* (phosphate des îles Alcadraz, de Tortuga, de

(1) Les brevets qui viennent d'être délivrés (*Moniteur* du 8 avril 1874) à MM. Laducon et Roland, pour la préparation du phosphate granulaire de la craie de Ciply, font espérer que la Belgique ne sera plus tributaire de l'étranger pour ce produit.

Orchila, de Carmen et d'El Gran-Roque), nous aurons suffisamment montré que l'Exposition de Vienne offrait, pour l'étude des phosphates fossiles, des matériaux aussi riches que variés.

Examinons maintenant les préparations qu'on fait subir aux phosphates naturels en vue d'augmenter leur efficacité comme engrais. Le phosphate de chaux tribasique, insoluble dans l'eau distillée, devient peu à peu soluble dans l'eau chargée d'acide carbonique (1), en présence des sels ammoniacaux, des nitrates, du chlorure de sodium, du chlorure de potassium, des matières organiques (2) et des acides organiques (3). La pratique a complétement confirmé les expériences du laboratoire. Aussi voit-on se répandre partout l'emploi direct de la poudre des phosphates naturels et, surtout, l'opération très-rationnelle qui consiste à les incorporer au fumier de ferme accumulé en tas.

Mais, en général, l'effet des phosphates bruts est ordinairement trop lent. Aussi, au lieu de les employer à l'état naturel, on préfère les traiter préalablement par l'acide sulfurique, afin de les transformer, comme on dit dans l'industrie, en superphosphates. Les phosphates renferment alors la plus grande partie de l'acide phosphorique à l'état

(1) Dumas, *Comptes rendus*, 1846. XXIII. p. 1018.
Bobierre. *Comptes rendus*, 1857, XLIV, p. 467.
Karmrodt, *Neue Landwirthschaftl. Zeitung*, 1872. 360.

(2) Grandeau, *Journal d'Agriculture pratique*, 1873.
König, *Centralblatt für Agriculturchemie*, 1873.

(3) Déhérain, *Chimie agricole*, 541.

libre (1) ; une partie très-minime seulement est combinée a la chaux, avec laquelle l'acide forme un phosphate de chaux acide. L'acide phosphorique libre et le phosphate de chaux acide sont immédiatement solubles dans l'eau ; ils se répandent facilement et rapidement dans la couche arable, et, quoique l'acide phosphorique soluble soit reprécipité dans le sol par le carbonate de chaux ou de magnésie, par l'alumine ou l'oxyde de fer, l'emploi des superphosphates est actuellément le meilleur moyen de mettre le phosphate de chaux à la disposition des végétaux. On peut se représenter chaque particule de terre, après l'application d'une certaine dose de phosphate soluble, comme se trouvant enveloppée d'une couche de phosphate de chaux nouvellement précipité. Il est facile de comprendre que, par l'emploi de phosphates insolubles, lors même qu'ils sont réduits à l'état de poudre fine, nous ne pouvons jamais obtenir un mélange aussi intime des phosphates et des particules terreuses que par l'emploi des superphosphates.

C'est Liebig qui conseilla, en 1840, de traiter les os par l'acide sulfurique, pour leur donner la solubilité qui leur manque. Des fabricants anglais suivirent les premiers ce conseil et devinrent ainsi les fondateurs d'une industrie importante, répandue maintenant dans toute l'Europe.

Plus de la moitié des échantillons de matières fertili-

(1) Beaucoup de chimistes admettent que les superphosphates renferment tout l'acide phosphorique soluble à l'état de phosphate acide de chaux ; mais l'analyse de la solution aqueuse ne constate jamais assez de chaux, en dehors de la quantité combinée avec l'acide sulfurique, pour former avec l'acide phosphorique soluble un phosphate acide de chaux.

santes exposés à Vienne était formée de superphosphates. L'Angleterre, l'Autriche, l'Allemagne, la Belgique, le Danemark, la France, l'Italie, la Russie et la Suède ont contribué à composer cette collection intéressante et bien complète. Les matières premières consacrées à la préparation de tous ces superphosphates étaient : les os, le noir animal, les coprolithes et les phosphorites de différents pays, ainsi que les espèces les plus variées de guano.

La fabrication des superphosphates à haut titre et à titre constant, plus difficile qu'on ne le croit généralement, est déjà arrivée à un certain degré de perfectionnement. Parmi les fabricants qui sont parvenus à pouvoir garantir un titre élevé en acide phosphorique soluble et dont les échantillons exposés à Vienne offraient, à l'aspect extérieur, des qualités recommandables, nous citerons : MM. *Gibbs et Cie*, de Londres (superphosphate dont les titres variaient entre 12 et 18 p. c. d'acide phosphorique soluble dans l'eau); M. *Gullberg*, de Goteborg (Suède), (mejillones-guano superphosphate à 18 p. c. d'acide phosphorique soluble); M. *Heymann*, de Breslau (Bakerguano superphosphate de 19.5 et superphosphate d'os à 17.8 p. c. d'acide phosphorique soluble) ; la *Société des produits chimiques* de Saarau (Silésie) (superphosphate de Bakerguano à 20.8 p. c. d'acide phosphorique soluble; exposition de la station agricole de Vienne); MM. *Stuhr et Lorenzen*, Friedrichstadt (Schleswig), (superphosphate d'os à 18.2 p. c. d'acide phosphorique soluble). Ajoutons encore à cette liste les produits de MM. *Dunod et Bouglieux*, de Paris (superphosphate de noir animal); de M. *Thomson*, de Riga (superphosphates d'os et de phosphorites russes); de MM. *Gall et Cie*, de Freiberg (Saxe), qui, pendant l'année 1872, ont produit et vendu 4,900,000 kilogrammes de superphosphate; puis les superphosphates de la *Société des produits chimiques* de *Saint-Gobain*, *Chauny* et *Cirey*, de M. *Stern*, de New-Orléans (Fertilizer and chemical Manufacturing Co) et de M. *Fredens Motte*, de Copenhague.

Parmi les fabricants belges de superphosphates, il n'y a que MM. *Gustave Dewit et Cie*, de Vilvorde (superphosphate d'os) et M. *Jules Leirens*, de Gand (superphosphate de phosphate de Cacères à 14 p. c. d'acide phosphorique soluble dans l'eau), qui avaient envoyé des échantillons. M. J. Leirens a introduit le premier dans le pays, en 1867, à Ledeberg lez-Gand, la fabrication industrielle et mécanique du superphosphate en vase clos (1). Les vapeurs fluo-siliciques sont aspirées à travers des conduits souterrains par une cheminée très-élevée qui les lance dans l'air à une grande hauteur. L'appareil dont M. Leirens se sert et dont il est l'inventeur permet une production journalière de 10,500 kilogrammes de superphosphate, tout en ne fonctionnant que 4 à 4 1/2 heures par jour.

Les phosphates ne servent pas seulement à la fabrication des superphosphates, mais on les emploie même, comme

(1) Déjà avant cette époque, MM. Gits et Cie, d'Anvers, fabriquaient des superphosphates de noir animal, mais cette fabrication se faisait à la main.

matière première, dans la préparation des phosphates d'ammoniaque, de soude, de potasse et dans la fabrication de l'acide phosphorique. De tous ces produits, nous citerons, comme intéressant plus spécialement l'agriculture, le *phosphate d'ammoniaque*, exposé par M. *Edward Packard*, déjà signalé plus haut, qui a produit à Vienne des échantillons titrant 45 p. c. d'acide phosphorique et 12 p. c. d'azote, et l'échantillon de même nature exposé par M. *L. Fino*, de Turin.

Depuis la découverte, dans les Indes occidentales, d'un *phosphate d'alumine* (wawellite), qui titre ordinairement 28 à 30 p. c. d'acide phosphorique, ce minéral est employé par MM. *Spence, Berger et Cie* (Londres, Manchester et Glascow) à la fabrication du phosphate d'ammoniaque. Après la décomposition par l'acide sulfurique du phosphate réduit en poudre, on le précipite par l'ammoniaque; il se forme de l'alun et les eaux-mères renferment le phosphate d'ammoniaque.

Depuis deux ou trois ans, on offre au commerce des solutions dites d'acide phosphorique hydraté, que l'on prépare avec des phosphates à faible titre. Cette solution, dont MM. *H.* et *E. Albert* (Castel-Mayence) avaient exposé des échantillons dosant 50 p. c. d'acide phosphorique, n'a pas d'emploi direct dans l'agriculture. On pourrait cependant se servir avantageusement de cette solution, après l'avoir étendue d'eau, pour arroser les fumiers ; on augmenterait ainsi leur richesse en acide phosphorique et on fixerait l'ammoniaque en la transformant en phosphate d'ammoniaque, sel qui n'est pas volatil à la température ordinaire.

Mais la solution d'acide phosphorique hydraté est un produit d'une grande valeur pour la fabrication des engrais auxiliaires. Elle constitue, en effet, une matière première importante, puisque c'est de l'acide phosphorique soluble dans l'eau amené au maximum de concentration, ce qui réduit considérablement les frais de transport de chaque kilogramme d'acide phosphorique qu'on veut faire entrer dans un engrais. Aussi y a-t-il déjà, en Allemagne, plusieurs fabriques qui préparent un produit appelé « humus superphosphate », obtenu en arrosant la tourbe desséchée et pulvérisée, au moyen d'une solution d'acide phosphorique. Cette solution offre la faculté de préparer des engrais de tout titre en acide phosphorique soluble dans l'eau et permet surtout d'améliorer la qualité des superphosphates pauvres en cet élément. Supposons, par exemple, qu'un fabricant ait obtenu, en traitant des phosphates par l'acide sulfurique, un produit renfermant 11 p. c. d'acide phosphorique soluble ; mais il désire vendre un engrais en contenant 14 à 15 p. c. Pour cela, il lui suffit de mélanger 100 kilogrammes de superphosphate avec 10 kilogrammes de solution (renfermant 5 kilogrammes d'acide phosphorique) : il obtiendra ainsi 110 kilogrammes d'un produit contenant 11 + 5 = 16 kilogrammes d'acide phosphorique soluble, c'est-à-dire un produit offrant 14.5 p. c. d'acide phosphorique soluble.

La potasse occupe, parmi les matières nutritives de tous les végétaux, une des premières places. La science a constaté que les récoltes renferment des quantités considérables de potasse dont, chaque année, elles appauvrissent le sol qui les a produites. Dans de nombreux cas, les fumures ordinaires ne suffisent pas pour restituer aux terres la potasse enlevée. La science a non-seulement établi ces faits d'une manière incontestable, mais elle a encore parfaitement défini le rôle physiologique que remplit la potasse dans l'organisme végétal (1).

Longtemps l'agriculture n'eut à sa disposition, comme engrais potassique, que le nitrate de potasse, le carbonate de potasse des cendres de bois et les différents sels potassiques extraits des plantes marines ou de divers résidus industriels; il lui manqua, jusqu'en 1860, une mine inépuisable de sels de potasse.

Les recherches de sel gemme entreprises depuis des années à Stassfurt, près de Magdebourg (Prusse), firent découvrir, en 1851, à une profondeur d'environ 250 mètres, un banc puissant de sels de potasse, offrant 42 mètres d'épaisseur et une étendue immense. Ce banc repose sur un autre, de sel gemme, ayant 215 mètres d'épaisseur et présentant une pureté remarquable. Ces sels de potasse, qu'on

(1) NOBBE. *Ueber die organische Leistung des Kalium in der Pflanze. Versuchstationen* 1871, et *Journal d'agriculture pratique*, 1872. II. 725.

KOHLRAUSCH et PETERMANN. *Vegetationsversuche mit Zuckerrüben. Organ des Vereins für Rübenzuckerindustrie in Oestreich*, 1872.

FLICHE et GRANDEAU, *De l'influence de la composition chimique du sol sur la végétation du pin maritim . Annales de chimie et de physique*, 1873.

estimait d'abord médiocrement et qu'on appelait « Abraumsalze » (sels de déblai), sont, notamment :

La *carnallit* ou, scientifiquement, le chlorure de potassium et de magnésium ;

La *kiserit* ou sulfate de magnésie ;

La *kaïnit* ou sulfate double de potasse et de magnésie avec chlorure de magnésium, et

La *sylvine* ou chlorure de potassium.

Aussitôt que l'on eût constaté le titre élevé de ces sels en potasse, des expériences furent entreprises pour les utiliser comme engrais ; mais, loin d'être favorables, ces sels de déblai produisirent, au contraire, dans le plus grand nombre de cas, un effet nuisible sur les cultures soumises à l'expérience. Il était réservé au Dr Franck de découvrir la cause de cette influence fâcheuse, dans la présence du *chlorure de magnésium*, véritable poison pour la végétation. Comme ce chlorure pernicieux se trouve en forte proportion dans les sels bruts de Stassfurt, le Dr Franck résolut de les soumettre à une épuration et il fonda, dans ce but, en 1860, la première fabrique d'engrais potassiques. C'est alors que M. Liebig lui adressa les lignes suivantes : « La découverte du gisement de sels potassiques à Stassfurt est un bonheur providentiel pour nos agriculteurs et pour nos cultivateurs de betteraves en particulier. Si les cultivateurs français ne suivent pas l'exemple, dans une génération d'hommes, il ne sera plus question de sucreries de betteraves en France. L'agriculture vous doit de la reconnaissance pour avoir fabriqué à bon marché cet engrais si important et en avoir propagé l'emploi. »

Le développement immense et sans exemple qu'a pris, depuis cette époque, l'industrie des sels de potasse ressort des chiffres suivants :

En 1861, une seule fabrique transformait 236,165 kilogrammes de sels bruts ; en 1863, 11 fabriques travaillaient 84,400,000 kilogrammes. Lorsque j'ai visité, en 1865, les établissements de Stassfurt, on comptait déjà 16 fabriques, tandis qu'en 1872, on en comptait 33, qui employaient 3,000 ouvriers (non compris 1,100 mineurs), 1,500 chevaux-vapeur et qui travaillaient 514 millions de kilogrammes de sels bruts.

Les engrais potassiques fabriqués à Stassfurt sont principalement :

NOMS ET NUMÉROS DES ENGRAIS.	SULFATE de POTASSE.	SULFATE de MAGNÉSIE.	CHLORURE de POTASSIUM.	POTASSE GARANTIE.
1. Sulfate de potasse brut . .	18.22	15.20	—	9.12
2. Sulfate de potasse et de magnésie brut	30.33	21.25	—	15.18
3. Engrais de potasse concentré	22.00	10.20	22.00	25.00
4. Sel de potasse concentré triple	—	5.10	50.55	30.33
5. Sel de potasse cinq fois concentré	—	—	80.85	50.53
6. Sulfate de potasse épuré . .	70.00	5.10	—	38.00
7. Sulfate de potasse raffiné . .	90.95	—	—	50.52
8. Sulfate de potasse et de magnésie épuré . . .	54.57	34.38		28.30

Les nombreuses fabriques de Stassfurt étaient presque toutes représentées à l'Exposition de Vienne dans les groupes II ou III. Je me borne à citer : *Loefasz*, *Wuensche* et *Goering*, et notamment l'exposition de la *Société des usines réunies de Leopoldshall* et de la *Patent Kali Fabrik de Stassfurt*, dont les produits, vendus sous le contrôle de différentes stations allemandes, de la station agricole de Nancy (France) et de celle de Gembloux, ont toujours su conserver la réputation de contenir le titre garanti de potasse.

Cependant les mines de Stassfurt ne sont plus actuellement la seule source de potasse. Depuis l'année 1869, la *Kalisalzbergbaugesellschaft*, de Vienne, exploite, à Kalucz, près de Stanislau (Galicie), un gisement de sels analogues à ceux de Stassfurt. L'exposition très-complète de cette société comprenait de beaux échantillons d'engrais potassiques renfermant de 30 à 34 et, d'autres, de 50 à 52 p. c. de potasse. Je citerai également leur nitrate de potasse brut (renfermant 44 p. c. de potasse et 13 p. c. d'azote), destiné spécialement à l'emploi agricole. La plus grande partie des nombreux échantillons de nitrate de potasse exposés par d'autres fabriques étaient des nitrates raffinés pour l'industrie.

La Société de Kalucz avait aussi exposé du sel pour l'agriculture, qui était dénaturé par un mélange de 1 p. c. d'oxyde de fer et 0.5 p. c. de poudre d'absinthe. Ce produit était présenté en briques cylindriques comprimées, percées d'un bout à l'autre pour pouvoir être attachées à côté des mangeoires.

Presque toutes les salines de l'Autriche et de l'Allemagne préparent du sel pour le bétail, soit en poudre, soit en briquettes; la plupart avaient exposé à Vienne. Ce fait prouve que l'agriculture de ce pays doit consommer des quantités notables de ce produit. En effet, la saline de *Durrheim* (grand-duché de Bade), par exemple, a fabriqué, en 1872, 118,000 quintaux, celle de *Rappenau*, 64,000 quintaux (à 50 kilogrammes) de sel pour le bétail, et la fabrique de M. *Hoyer et C*[ie], à Schoenebeck (Prusse), 30,000 quintaux de briquettes de sel dénaturé. Les salines autrichiennes exposaient, à côté du sel dénaturé pour le bétail, du sel destiné à être employé comme engrais. Au lieu de l'oxyde de fer ou de la poudre d'absinthe, matières utilisées lorsqu'il s'agit du sel pour le bétail, la saline d'*Aussee* (Styrie) se sert, pour la dénaturation du sel destiné aux terres, de la cendre de bois; celle de *Halleim* (Salzbourg), de la cendre de bois, de la terre végétale et de l'urine; celle de *Lacko* (Galicie) prépare un mélange de 20 p. c. de sel, 40 p. c. de plâtre et 40 p. c. de cendre de bois.

Malgré le développement immense pris par l'industrie des sels de potasse à Stassfurt, elle n'a pas supprimé la fabrication des sels de potasse extraits d'autres matières premières. Les échantillons de potasse extraite de la cendre de bois étaient très-nombreux. Il y avait aussi des échantillons de potasse provenant du traitement des cendres de tourbe, par exemple dans la section russe, exposés par M. *Kojime*, de Novosselki (gouvernement de Tver).

Une industrie qui a pris, dans ces dernières années, un développement considérable est celle de l'extraction des sels de potasse du suint des laines, ainsi que des mélasses de sucreries et des vinasses des distilleries. L'honneur de la création de cette industrie appartient à MM. *Maulmené et Rogélet*, de Reims. Se basant sur les remarquables recherches de M. Chevreuil, ces messieurs ont, les premiers, cherché à retirer industriellement la potasse du suint. La potasse enlevée au sol par les fourrages a d'abord passé avec ceux-ci dans l'organisme animal, qui, après une série de transformations, l'expulse par les glandes sudoripares sous forme de sueur, qui, chez le mouton, se concentre dans le suint dont la laine est enduite. Les produits obtenus par MM. Maulmené et Rogélet avaient déjà excité, à juste titre, l'admiration des visiteurs à l'Exposition de Londres. L'Exposition de Vienne nous apprend que cette industrie s'est encore établie dans d'autres pays. Elle a, comme principaux représentants, MM. *Hartmanns* et *Hauer*, de Hanovre, et la *Schafwollwaschgesellschaft*, de Pesth. La Belgique possède maintenant, à côté de sa florissante industrie drapière, deux établissements qui extraient la potasse contenue dans les eaux provenant du lavage des laines brutes : celui de M. *Wérotte*, à Liége, et celui de MM. *Wérotte et Passenbronder*, à Andrimont, près de Verviers.

Des échantillons de sels de potasse extraits des mélasses de sucreries ou des vinasses de distilleries de betteraves étaient exposés par M. *A. Lefèbre*, de Douai, et M. *Robert de Massy*, de Saint-Quentin (France); par M. *Durre*, de Magdebourg, MM. *Vorster et Gruneberg*, de Kalk (Prusse), et par M. *Rademacher*, de Carolinenthal (Autriche). La *Spiritus et Pottaschenfabrik*, de Raitz (Autriche), nous donne une idée de l'importance que peut avoir un établissement du genre de ceux que nous venons d'énumérer : ainsi, cette fabrique travaille 4,100,000 kilogrammes de mélasse, desquels on extrait annuellement 325,000 kilogrammes de sels de potasse. La quantité de mélasse travaillée provient, d'après les indications de l'administration de l'usine, du traitement de 105 millions de kilogrammes de betteraves. Cet établissement exposait, en outre, du chlorure de potassium, des carbonates de potasse à différents degrés de pureté et le résidu du travail des salins de betteraves (*Pottaschenschlamm-Charrée*); ces résidus, dont la composition varie nécessairement beaucoup suivant que le lessivage auquel on les soumet préalablement est plus ou moins parfait, peuvent être très-avantageusement employés comme engrais. Deux échantillons, que j'ai analysés il y a trois ans (1), m'ont donné les chiffres suivants :

	I	II
Eau	35.05	30.77
Charbon	13.69	8.96
Sable.	13.92	23.59
A reporter. . . .	62.66	63.32

(1) *Organ des Vereins fur Rübenzucker Industrie in Oestreich* 1872.

Report. . .	62.66	63.32
Silice soluble	0.58	0.55
Acide carbonique . . .	9.79	6.35
Acide phosphorique . . .	1.69	1.48
Acide sulfurique	0.62	traces
Chlore.	0.27	
Oxyde de fer	5.02	18.26
Chaux	12.34	7.93
Magnésie	0.27	0.92
Potasse	3.55	traces
Soude.	2.73	
	99.52	98.81

Dans d'autres échantillons, j'ai constaté la présence de cyanures et de sulfures qui se forment pendant la calcination et proviennent de la réduction des sulfates. Les sulfures sont des combinaisons dangereuses pour la végétation. Aussi est-il à recommander, avant d'employer les résidus qui en renferment, de les exposer à l'air, soit en les laissant en tas, que l'on recoupe deux ou trois fois, soit en les répandant avant l'hiver sur des terres destinées à recevoir des emblavures de printemps.

Je ne puis passer sous silence ici, puisqu'il s'agit d'une question agricole de haute importance, les attaques violentes dont a été l'objet la fabrication des sels de potasse au moyen des mélasses et du suint. Il est irrationnel, a-t-on dit, de vendre les sels de potasse extraits de la mélasse et du suint parce qu'il faut les rendre aux champs dont ils proviennent. Dans toutes les questions agricoles qu'il m'est donné de traiter, je me place toujours au point de vue de la loi de la restitution, en considérant surtout la nécessité de rendre à l'agriculture la plus grande somme possible des matières minérales enlevées ; cependant je ne puis me rallier entièrement à l'opinion de ceux qui, au nom de la même loi, blâment d'une façon absolue la fabrication de la potasse au moyen des salins de betteraves et de suint. Il faut reconnaître que cette fabrication est, dans certaines conditions, non-seulement parfaitement justifiée, mais qu'elle constitue même une opération économiquement avantageuse. Tout dépend du prix auquel on peut acheter des engrais potassiques. Telle circonstance peut se présenter où il est plus avantageux d'exporter la potasse extraite des mélasses et du suint et de l'offrir à l'industrie que de la retourner au sol. La mélasse et le suint renferment une potasse qui a, pour ainsi dire, été raffinée en passant soit par la betterave, soit par le corps du mouton, potasse qui a, dans la forme sous laquelle on l'obtient de ces produits, une valeur commerciale plus grande que la potasse contenue dans les engrais potassiques. Si donc la différence entre le prix de la potasse extraite des mélasses et du suint et celui de la potasse existante dans les engrais commerciaux est très-considérable ; si, d'autre part, les engrais potassiques sont offerts à l'agriculture à des prix modérés, comme c'est le cas actuellement, il n'y a pas à hésiter : on emploiera avantageusement ces engrais pour restituer au sol une quantité de potasse au moins égale à celle qu'on livre à l'industrie sous forme de mélasses ou de suint. Mais si un producteur de betteraves n'importe pas dans la ferme, soit sous forme de matières alimentaires, soit sous forme d'engrais potassiques, une quantité de potasse égale à celle exportée, alors l'épuisement de cet élément peut devenir excessif et désastreux, l'engrais d'étables ne pouvant seul rétablir l'équilibre ; on enfreint alors la loi de la restitution. Les conséquences de cette faute ne s'accusent pas toujours de suite, mais elles ne peuvent manquer d'apparaître un jour. Les récoltes diminueront, les betteraves commenceront à souffrir et leur titre en sucre baissera. Et puisque les rendements d'un champ dépendent essentiellement de l'élément nutritif qui existe *au minimum* dans le sol, même de fortes fumures de superphosphate de chaux, de sels ammoniacaux ou de guano ne produiront plus des rendements suffisants lorsqu'on les emploie sur un champ épuisé en potasse.

Au nombre des engrais azotés les plus riches, se rangent les ***nitrates*** et le ***sulfate d'ammoniaque***. Les premiers surtout sont depuis longtemps en faveur près des cultivateurs. Nous devons nous borner à constater que le nombre des pays qui produisent et exportent des nitrates de soude augmente d'année en année. Aussi voyons-nous cette industrie devenir de plus en plus florissante en *Italie* et en *Egypte* ; elle s'est même tellement développée dans ce dernier pays, qu'il a pu exporter, en 1872, 600,000 kilogrammes de nitrate de soude (à 95 p. c.).

Le sulfate d'ammoniaque est obtenu par le traitement :

1° Des eaux ammoniacales des usines à gaz ;

2° Des dégagements gazeux des fabriques de noir animal ;

3° Du carbonate d'ammoniaque produit par la calcination de diverses matières organiques ;

4° De la distillation des eaux-vannes et des eaux d'égouts.

Tandis que, pendant longtemps, les usines à gaz ont laissé perdre les eaux ammoniacales provenant de la distillation de la houille, l'ammoniaque dégagée dans la fabrication du noir animal, lors de la calcination des os, a été recueillie avec soin dès l'origine de cette industrie. Mais, depuis quelques années, on recueille aussi les eaux de lavage du gaz avec soin, pour les distiller à l'usine même ou les livrer aux fabriques de sulfate d'ammoniaque. Cette dernière industrie a pris, en Belgique, un développement aussi rapide qu'important ; ainsi, nous voyons qu'à l'exception de Bruxelles, dont les eaux de gaz sont consommées pour la fabrication de la soude, les villes d'Anvers, de Gand, de Charleroi, de Liége, de Verviers, de Louvain et de Tirlemont fournissent annuellement près d'un demi-million d'hectolitres d'eaux ammoniacales aux fabriques de sulfate d'ammoniaque. Une faible partie seulement est employée pour la fabrication d'autres sels ammoniacaux. C'est la *Société anonyme pour la fabrication du gaz à Verviers et à Liége* et M. *Leirens*, à Gand, qui représentaient à Vienne cette partie de l'industrie belge. Ce dernier industriel, que nous avons déjà cité plusieurs fois, traite annuellement 30,000 à 35,000 hectolitres d'eaux ammoniacales de l'usine à gaz de Gand, et il obtient un rendement moyen de 2.5 kilogrammes de sulfate d'ammoniaque par hectolitre d'eau de gaz et par degré Baumé. En tenant compte des eaux de gaz que M. Leirens reçoit, en partie de l'usine d'Anvers, cet industriel peut disposer, chaque année, de 300,000 kilogrammes de sulfate d'ammoniaque.

La *London Manure Company* et l'établissement agricole et industriel de M. *Michaux* (Seine-et-Oise) avaient également envoyé à Vienne des échantillons de sulfate d'ammoniaque. MM. *Van der Elst et Matthys*, d'Amsterdam, avaient exposé dans une haute pyramide en verre, qui frappait les regards des visiteurs, des cristaux de sulfate d'ammoniaque. Ces industriels travaillent toutes les eaux de gaz d'Amsterdam et des environs. Ils produisent annuellement 1,000,000 de kilogrammes de sulfate d'ammoniaque, ce qui représente, au prix moyen de 50 francs les 100 kilogrammes, un produit brut de 500,000 francs.

Si nous citons encore le sulfate d'ammoniaque provenant de MM. *Frankl frères*, de Prague, celui de l'*Usine à gaz* de Krakau (Galicie) et celui de M. *Golberg*, de Goeteberg (Suède), c'est pour démontrer qu'il est reconnu partout que les eaux de lavage du gaz peuvent être avantageusement utilisées et que leur distillation est une opération lucrative.

L'utilisation rationnelle des excréments humains, sous le double point de vue des intérêts de l'agriculture et de la salubrité publique, est toujours une question dont on attend encore la solution.

Les expériences et les recherches des hommes les plus éminents, agronomes, chimistes, ingénieurs de tous les pays, les rapports des experts les plus capables, les nombreux mémoires publiés sur ces sujets, les sommes considérables que différentes villes ont votées pour étudier et essayer en grand le moyen le plus avantageux de se débarrasser des déjections humaines, tous ces travaux nous démontrent que partout on a reconnu l'importance capitale de la question. On est généralement d'accord sur la nécessité absolue de supprimer les fosses fixes; d'autre part, on comprend la nécessité d'éloigner des villes des matières capables de devenir des foyers d'infection. Mais, tout en purifiant les cités, on cherche à utiliser leurs déchets au profit de l'agriculture. Ici les avis sont partagés quant aux procédés à employer pour atteindre le but que l'on est unanime à poursuivre.

La polémique entre les partisans du *système de canalisation* (envoi des vidanges dans les égouts) et les partisans du *système de tonneaux* (mobiles et à transporter hors des villes par un service régulier) est devenue de plus en plus vive, sans que l'un ou l'autre soit parvenu à prévaloir. La question n'est donc pas résolue; aussi dirons-nous, d'accord, en ceci, avec M. Déhérain (1), que « les procédés

(1) *Cours de chimie agricole*, 486.

employés jusqu'à présent pour utiliser les produits des vidanges sont complétement insuffisants; on n'a pas réussi à rendre la vidange inodore, on n'a pas réussi davantage à faire employer pour l'agriculture les matières des fosses ».

Est-on, au moins, en droit de prétendre que l'on avance vers la solution de cette question? Ce n'est pas sur l'Exposition de Vienne que, sous ce rapport, on peut fonder quelque espérance. Quoique les échantillons de poudrette et de Taffo y fussent très-nombreux (Besse, Paris, rue Albony, — Société par actions de Moscou, — Fabrique de poudrette de Varsovie, — Poudrette de Vienne, — de Graz, — de Podgone (Galicie), — de Goeteberg (Suède), — de M. Thon, de Cassel), quoiqu'on y rencontrât également des engrais obtenus par la précipitation des eaux-vannes ou des eaux d'égouts (Scotts' Sewage Company), on ne trouvait à Vienne aucun procédé nouveau et, d'un autre côté, les anciens procédés ne présentaient point de perfectionnements assez sérieux pour faire croire à leur généralisation.

La Chine (exposition du consul autrichien de Hong-Kong) et le Japon (exposition du gouvernement du Japon) avaient également envoyé à Vienne des échantillons d'engrais humain. Du reste, on sait depuis longtemps que, dans ces pays, les habitants apportent un soin tout particulier à recueillir et à employer cette matière précieuse, qu'ils transforment en tourteaux ou en briquettes. La haute valeur des vidanges y est tellement appréciée que tout

Chinois, d'après M. Fortune (1), regarderait comme impoli l'hôte qui quitterait son domicile sans lui laisser le tribut auquel il a droit en retour de son hospitalité.

La poudrette de Vienne, vendue sous forme de briques, a la composition suivante, d'après une analyse de la station agricole de cette ville :

Azote.	1.70
Acide phosphorique	1.19
Eau	52.21

Cette quantité considérable d'eau la rend naturellement peu propre au commerce, puisqu'en achetant 1,000 kilogrammes de cet engrais, on doit supporter les frais de transport de 522 kilogrammes d'eau.

La fabrique de poudrette de Varsovie est arrivée à fournir à l'agriculture des produits très-remarquables. En modifiant le procédé de fabrication et surtout la quantité d'autres matières fertilisantes mélangées à la matière fécale, cet établissement vend trois sortes de poudrettes :

	I	II	III
Azote	4 p. c.	4 p. c.	4 p. c.
Acide phosphorique . .	2	10	2
Potasse	10	2	2

Cette composition variée permet au cultivateur de choisir,

(1) *The tea districts of China and India*, I. p. 221.

d'après les besoins de sa culture, des engrais plus ou moins riches en phosphate ou plus ou moins riches en potasse.

Un établissement qui a pris un développement rapide et dont les produits trouvent de plus en plus des débouchés en Autriche, c'est la fabrique de guano artificiel de M. *Stummer-Trauenfels*, à Vienne. Tous les jours, on conduit à cette usine les vidanges de plusieurs casernes de la ville de Vienne ; on les accumule dans des réservoirs spéciaux, où on les mélange avec des phosphates, du plâtre et des sels de potasse. On obtient ainsi plusieurs sortes d'engrais artificiels, dont le principal, analysé par le Dr Kohlrausch, de Vienne, a donné les résultats suivants :

Eau	19.02	
Matières organiques . . .	22.96	contenant 1 84 p. c. d'azote.
Acide phosphorique	10.70	
Potasse	1.34	
Sable	13.46	
Carbonate, sulfate de chaux. / Oxyde de fer, soude . . .	32.52	
	100.00	

M. Stummer livre ses produits à des prix modérés comparativement à ceux d'autres engrais auxiliaires. Aussi a-t-il vu accroître considérablement sa fabrication. C'est ainsi que, l'année de la création de son établissement, il n'a vendu que 100,000 kilogrammes, tandis que, trois ans après, en 1872, il fabriquait 500,000 kilogrammes.

L'emploi du guano est tellement entré dans les mœurs de l'agriculture européenne, que sa consommation, en 1870, a atteint le chiffre de 453 millions de kilogrammes (1). Heureusement que les bruits alarmants qui circulaient il y a quelque temps parmi le public intéressé, au sujet de l'épuisement des dépôts de guano, connus généralement sous le nom collectif de guano du Pérou, ne sont nullement fondés. Ces bruits ont eu le bon côté d'activer la recherche de nouveaux dépôts. Ces investigations ont été couronnées d'un tel succès, que le gouvernement du Pérou a pu publier une nomenclature de dépôts de guano qui, outre les îles de Guanape et de Macabi, maintenant en exploitation, contient les noms de quarante-quatre nouveaux dépôts, dont une dizaine récèlent d'immenses quantités du précieux engrais, d'une qualité aussi bonne que celle du guano de l'île Chincha (2).

Mais, outre cela, l'Exposition de Vienne nous a fait connaître un bon nombre de guanos d'autres provenances, tels que ceux des îles *Howland*, des îles *Malden*, de l'île *Enderberry*, le *Mejillones guano*, le guano de *New-Orleans* (produit par les pélicans), le *guano mexicain*, d'*Australie*, le guano du cap de *Bonne-Espérance* et le *Curaçao guano*. C'est surtout ce dernier, qui est d'une richesse exceptionnelle en phosphate, mais qui est pauvre en azote, que la London Manure Company importe en quantités notables, provenant des colonies hollandaises de l'Inde occidentale.

(1) Rapport de M. Toribio Sanz, inspecteur fiscal du gouvernement péruvien.
(2) Lettre du 25 octobre 1873 du Ministre du Pérou, M. Galvez, au *Times*.

Le guano naturel possède incontestablement, à titre égal en éléments nutritifs minéraux, une supériorité marquée sur toutes les préparations artificielles imaginées pour le remplacer. Il doit spécialement cette supériorité à un mélange de phosphate de chaux, de matières organiques facilement décomposables et de sels ammoniacaux, lequel est si intime et si parfait que le meilleur appareil mécanique ne peut le réaliser. Malgré cet avantage, on ne peut cependant se dissimuler que le commerce de cet engrais offre l'inconvénient, très-grave, de s'appliquer à une marchandise dont la composition est fort variable; ainsi, il y a des variations notables non-seulement d'un chargement à un autre pour du guano de même provenance, mais encore dans les diverses parties d'un même chargement. Le guano est donc loin de constituer une marchandise homogène, par suite surtout de la proportion variable de mottes et de tubercules qui se trouvent mélangés à la partie pulvérulente. Cette non-homogénéité du guano brut, qui peut produire, abstraction faite des falsifications, des variations de 2.5 à 13.5 p. c. dans le titre en azote, ne permet pas au gouvernement du Pérou et à ses consignataires en Europe de donner une garantie quelconque au sujet de la composition, et notamment du titre en azote et en acide phosphorique. On comprend, dès lors, l'importance du service rendu à l'agriculture par la découverte d'un procédé permettant de transformer le guano brut en un produit de composition homogène, à titre constant et susceptible d'être vendu sous garantie au cultivateur. C'est à MM. *Ohlendorff et Cie*, de Hambourg, qu'appartient le mérite d'avoir résolu cette question, au point que l'emploi du guano brut est actuellement nul en Allemagne, tandis que les fabriques d'Ohlendorff, à Hambourg et à Emmerich, sur le Rhin, produisent annuellement 75 millions de kilogrammes de guano préparé par l'acide sulfurique (guano dissous). L'établissement de Hambourg occupe 300 ouvriers; 7 machines à vapeur développent la force nécessaire pour opérer le tamisage et le broyage du guano brut, ainsi que son traitement par l'acide sulfurique. Les inventeurs de ce procédé ont créé également d'immenses succursales à *Anvers* et à *Londres*.

MM. *James Gibbs et Cie*, de Londres, vendent aussi du guano traité par l'acide sulfurique, sous le nom de « Patent-Ammonia fixed Guano ».

Le guano dissous préparé par MM. Ohlendorff présente les avantages suivants sur le guano brut :

1° Il contient l'azote fixé. Quiconque a eu en mains un échantillon de guano brut a été à même de constater une forte odeur ammoniacale provenant de la transformation de l'acide urique en carbonate d'ammoniaque ; cette volatilisation peut occasionner une perte sensible au cultivateur. Par l'action de l'acide sulfurique sur le guano brut, on transforme les sels ammoniacaux volatils en sels non volatils à la température ordinaire ;

2° Le guano du Pérou traité par l'acide sulfurique contient l'acide phosphorique à l'état soluble dans l'eau. Ce dernier peut donc se répandre plus rapidement et plus régulièrement dans la couche arable ;

3° Comme avantage dominant encore, d'après nous, les précédents, il faut citer que le guano du Pérou qui a été traité par l'acide sulfurique forme une poudre sèche, homogène, ne renfermant ni pierres, ni nodules et que l'on peut facilement répandre sans être obligé de la diviser préalablement ; enfin, il possède une composition constante, de manière que les fabricants peuvent garantir aux cultivateurs un titre minimum :

De 9 p. c. d'azote fixé, et

De 9 p. c. d'acide phosphorique soluble dans l'eau.

Nous considérons cette préparation du guano comme le plus grand progrès qu'on ait réalisé, pendant les six dernières années, dans la fabrication des engrais.

Les excréments des oiseaux aquatiques ne sont plus les seuls que le commerce offre à l'agriculture. On exploite maintenant aussi le *fumier des buffles*. Aux endroits où ont séjourné des troupeaux de plusieurs milliers de ces animaux, on rencontre des dépôts considérables de leurs excréments. Des échantillons de cet engrais figuraient à l'Exposition de Vienne. A côté de ce nouvel article, s'en trouvait encore un autre, non moins intéressant : le *guano de chauve-souris*. Les excréments de chauve-souris, dont il existe d'innombrables dépôts dans les cavernes des Karpathes et des Balkans et qu'on a trouvés également en France, dans l'île de Sardaigne, en Amérique et en Chine, pourraient devenir l'objet d'un commerce important. En effet, si l'on en juge par leur composition, ces excréments méritent certainement d'être exploités partout où les conditions locales ne s'y opposent pas. Malheureusement ces dépôts se trouvent presque toujours aux endroits les moins accessibles des montagnes, soit dans les fentes profondes des rochers, soit dans des cavernes dont la découverte est plutôt l'effet d'un heureux hasard que de fouilles sérieuses.

Nous avons trouvé à Vienne trois échantillons de guano de chauve-souris, un de la Chine et deux faisant partie de l'Exposition de la station agricole de Vienne, provenant, l'un d'Orsowa (Turquie), l'autre des Balkans.

Le premier contient :

1.72 p. c. d'acide phosphorique et

8.15 p. c. d'azote.

Le second :

3.62 p. c. d'acide phosphorique et

3.38 p. c. d'azote.

Les richesses immenses de la mer, qui ont déjà donné naissance à tant d'industries florissantes, sont aussi exploitées au profit de l'agriculture. Des millions de kilogrammes d'acide phosphorique, de potasse et d'azote, que les campagnes fournissent aux grands centres de population, sont entraînés par les fleuves vers la mer, après avoir, sous forme de viande, de farine, de légumes, de lait, etc., servi comme aliments. Ainsi le veut la loi merveilleuse de la circulation de la matière, en vertu de laquelle pas un atome ne se perd dans la nature. C'est grâce aux transformations de la matière indestructible qu'il nous est donné, après des siècles, d'utiliser, sous forme de guano, l'acide phosphorique et l'azote que nos ancêtres ont laissé couler vers l'océan, d'où ces principes ont passé dans le corps des poissons et, ensuite, dans celui des oiseaux aquatiques. Longtemps on attendit, pour recouvrer et employer cès richesses, la série complète des transformations précitées. Aujourd'hui l'on est plus pressé : au lieu de recueillir les principes fertilisants sous forme d'excréments et de détritus d'oiseaux aquatiques, on va les chercher dans les poissons mêmes, avant que ceux-ci deviennent la proie des oiseaux. Depuis une vingtaine d'années déjà, on recueille, sur quelques points des côtes anglaises et de la Bretagne, une multitude de déchets de poissons et des petits poissons impropres à la consommation. La masse, après avoir été bien desséchée, est réduite en poudre sous l'action de la meule: c'est la matière pulvérulente que l'on obtient ainsi qui sert d'engrais. On doit à MM. Payen et Anderson les premières analyses de guano de poissons. D'après M. Heiden (1), il existe depuis longtemps, sur les côtes allemandes de la mer du Nord, une fabrique qui transforme en engrais les petites écrevisses connues sous le nom de *garneelen*, squilles ou crabes (*Crangon vulgaris*).

(1) *Lehrbuch der Düngerlehre*, II, 285.

A en juger d'après le nombre des échantillons de guano de poissons exposés à Vienne, l'industrie qui a pour objet la fabrication de cet engrais doit avoir pris un développement rapide et considérable; mais il nous manque des chiffres pour apprécier son importance actuelle. A Vienne, elle était surtout représentée par la *Société du guano de poissons de Christiania*, la Société de *Warberg* et de *Falkenberg*, par M. *Klingstedt*, d'Asmunderoed, MM. *Dohrmann et Hattendorf*, de Hanovre, et M. *Meinert*, de Leipzig. Ce dernier a fait sur la fabrication du guano de requin et de baleine la communication suivante: « En ce qui concerne la fabrication du guano de baleine, il y a certainement encore beaucoup de problèmes à résoudre, surtout pour arriver à travailler des masses plus considérables et obtenir des produits plus riches en azote. Mais il ressort de la comparaison des analyses de nos premiers produits et de celles de nos engrais actuels que nos efforts n'ont pas été sans succès. Le premier échantillon (1870) contenait 3.6 p. c. d'azote et 17.6 p. c. d'acide phosphorique, tandis que les produits du printemps (1872) renfermaient 6.12 p. c. d'azote et 16.8 p. c. d'acide phosphorique. Ce guano a l'aspect d'une poudre très-ténue. »

La colle extraite des baleines sert également comme engrais; elle renferme 8.38 p. c. d'azote et 3.2 p. c. d'acide phosphorique.

Dans les environs de Triest, on transforme en engrais les déchets de la fabrication des sardines à l'huile, notamment les *têtes des sardines*. L'échantillon qui se trouvait à l'Exposition a donné à M. Moser, de Vienne, la composition suivante :

6.5 p. c. d'azote ;

6.0 p. c. d'acide phosphorique.

Après avoir passé en revue les matières fertilisantes telles que les produits provenant des os, les phosphates fossiles, les sels de potasse, les excréments humains, etc., il nous reste à mentionner les engrais mixtes, les soi-disant engrais complets et les engrais spéciaux pour différentes cultures.

Toutefois nous nous bornerons à les signaler en vue de présenter un travail complet sur les engrais, sans, pour cela, y attacher quelque importance. Il y a plus : nous regrettons même l'existence du nombre incalculable d'engrais spéciaux fabriqués pour céréales, prairies, lin, betteraves, houblon, tabac, vigne, arbres, fleurs, légumes, etc. Tous ces produits n'ont d'autres résultats que de détourner le cultivateur d'un emploi rationnel des engrais complémentaires, de l'égarer dans la connaissance du vrai rôle que jouent maintenant ces précieux auxiliaires en agriculture.

Rechercher toutes les matières premières renfermant les principaux éléments nutritifs des plantes, les transformer de façon à faciliter leur assimilation par les végétaux, les offrir au commerce à l'état le plus concentré pour réduire, autant que possible, les frais de transport, avec un titre nettement indiqué et garanti : telles sont, selon nous, les données des problèmes à résoudre par l'industrie des matières fertilisantes. Le but de cette industrie nouvelle ne consiste donc nullement, comme beaucoup de fabricants se l'imaginent, à préparer pour tous les végétaux possibles et pour chacun d'eux en particulier des mélanges plus ou moins parfaits, ni à chercher des recettes ou des formules auxquelles on veut attribuer une valeur générale, ni enfin de considérer la préparation d'un vrai remplaçant du fumier de ferme comme la découverte de la pierre philosophale destinée à sauver à tout jamais l'agriculture.

L'engrais spécial pour plantes-racines exposé à Vienne par MM. *Gibbs et Cie*, de Londres, montre les absurdités auxquelles les fabricants peuvent être conduits par de semblables idées : cet engrais, d'après l'analyse indiquée par l'exposant lui-même, ne contient point de potasse !

Le choix approprié des engrais auxiliaires dépend des circonstances les plus variées, de la nature chimique et de la constitution physique des sols, non moins que de leur mode d'exploitation, lequel est lui-même indiqué par la multiplicité infinie des conditions modificatrices de chaque milieu. D'un autre côté, « il n'existe point, à l'égard de l'emploi des engrais chimiques, des recettes appropriées à toutes les conditions et leur assurant partout des effets avantageux » (1). Aussi les chimistes agricoles les plus éminents de tous les pays, Liebig, Wolff, Stoekhardt,

(1) *Etude pratique sur les fumiers de ferme et les engrais en général*, par WOLFF, 125. Bruxelles, Rozez.

Voelcker, Boussingault, Schloesing, Grandeau, Déhérain, Barral, reconnaissant ces vérités et appréciant toute leur importance, se sont-ils bien gardés de calculer des formules ou d'ériger et de prôner des systèmes.

Il arrive avec toutes ces recettes ce qu'il arrive en beaucoup d'autres choses : le cultivateur les emploie de bonne foi, séduit par d'habiles réclames. Souvent sa confiance dans l'engrais paraît justifiée par une végétation d'abord vigoureuse et par le bel aspect de ses cultures ; mais lorsqu'il arrive à peser sa récolte, ce qui malheureusement est encore trop peu dans les mœurs, il se trouve, dans la plupart des cas, que l'augmentation de rendement produite par l'engrais employé n'est pas en rapport avec la dépense qu'il a occasionnée. Alors le cultivateur commence à réfléchir, il veut connaître la composition de son engrais et il se demande si tous les éléments qu'il a achetés dans l'engrais complet *étaient réellement nécessaires* ? L'année suivante, il entreprend un autre genre d'essai et il arrive presque toujours que le secours de l'une ou l'autre matière première, soit le superphosphate de chaux, soit le sulfate d'ammoniaque, soit les sels de potasse, employée seule ou combinée, lui procure un rendement au moins égal et bien moins coûteux que celui obtenu l'année précédente à l'aide de son fameux *engrais complet et spécial*.

Parmi les 197 exposants de matières fertilisantes, il s'en trouvait également 3 qui présentaient des engrais chimiques préparés d'après les formules de M. G. Ville. On sait que M. G. Ville considère les superphosphates, les nitrates, etc., etc., non comme engrais auxiliaires destinés à permettre la culture intensive et à prévenir l'épuisement du sol, mais qu'il veut substituer leur mélange au fumier de ferme. Méconnaissant l'influence de la matière organique du fumier sur les phénomènes de l'assimilation des matières minérales et son action favorable sur les propriétés physiques des sols, il prend « les cendres du fumier pour le fumier ». Dès lors, il n'y a rien d'étonnant à ce que la quantité d'engrais chimiques, système G. Ville proprement dit (1), ne constitue, malgré les pompeuses réclames de l'habile conférencier, qu'une partie insignifiante des cinq milliards de kilogrammes d'engrais auxiliaires, chiffre auquel on peut évaluer approximativement la consommation annuelle de l'agriculture européenne. La possibilité théorique de baser un système de culture sur l'emploi exclusif des produits chimiques est, du reste, impossible en pratique. Aussi est-il bien inutile de demander quel est le nombre de cultivateurs, parmi les milliers d'expérimentateurs dont M. G. Ville fait manœuvrer les résultats, qui ont adopté, après expérience, comme base de leur culture le système du professeur du Museum de Paris.

Comme engrais auxiliaires, « il n'est pas douteux que si les engrais chimiques restent à un prix abordable, ils joue-

(1) Très-souvent, les cultivateurs appliquent la dénomination d'*engrais G. Ville* à des matières fertilisantes et à des engrais chimiques qui n'ont rien de commun avec le système G. Ville.

ront le rôle assigné depuis longtemps au guano, à la poudrette, au noir animal, aux phosphates fossiles ; réduite à ces termes, la doctrine des engrais chimiques cesse d'être une nouveauté, mais elle passe du domaine de l'utopie dans celui de la pratique » (1).

Les désastres que l'agriculture éprouve par certains insectes et par le nombre toujours croissant des végétaux cryptogamiques ont provoqué la recherche de spécifiques destinés à les détruire. Les *insecticides* se trouvaient également représentés à Vienne. On voyait, par exemple, à l'exposition hollandaise, *des cendres de houille*, spécialement recommandées pour la destruction des insectes ; à l'exposition française, *du soufre solubilisé pour combattre la maladie de la vigne*, exposé par M. *Besse*, de Paris ; *le liquide et l'appareil pour le traitement de la vigne*, de *Montenat*, de Paris, et l'*engrais régénérateur de la vigne à base insecticide contre le phylloxera*, exposé par MM. *Rafel et Blanc*, de Montpellier.

Depuis l'apparition du phylloxera et les travaux remarquables publiés sur cette affection par M. Planchon, le nombre d'insecticides proposés et expérimentés atteint la centaine ; citons seulement le soufre, les sulfures, la chaux, le sulfate de fer, le pétrole, le goudron, l'essence de téré-

(1) DÉHÉRAIN, *Cours de Chimie agricole*, 582.

benthine, l'acide phénique, etc. Néanmoins la « maladie de la vigne » continue ses terribles ravages et le phylloxera se maintient malgré l'emploi des insecticides les plus violents. Déjà en 1869, nous avons publié, pendant notre séjour en France, un court résumé (1) des premières observations de M. Planchon et de celles de la commission nommée par la Société des agriculteurs de France. Nous avons émis, à cette occasion, l'opinion qu'il sera certainement fort difficile de trouver des insecticides qui permettront d'imprégner le sol jusqu'à une profondeur de deux mètres, qui est celle à laquelle on a vu descendre l'ennemi de la vigne, et de détruire le phylloxera sans être nuisibles à la plante même. Aussi n'a-t-on découvert, en dehors de la submersion au moyen de l'eau, aucun moyen de quelque valeur pour détruire cet insecte. « Si les insecticides qui forment la majeure partie des 140 procédés appliqués à la Sorrès ont donné des résultats nuls ou nuisibles, c'est que, jusqu'à présent, aucun d'eux n'a pu être mis en usage de manière à détruire entièrement le phylloxera sans être nuisible à la vigne. Pour le moment, c'est aux engrais et aux meilleurs procédés culturaux dont les bons effets sont manifestes que recourent les praticiens, quelles que soient d'ailleurs leurs idées théoriques. Aussi voit-on les partisans les plus déclarés des insecticides les abandonner dans la pratique et suivre l'exemple général en couvrant leurs

(1) *Bulletin de la Société des sciences naturelles*, Isis, Dresde. 1869, 245.

vignes de sels potassiques, de tourteaux de graines oléagineuses et d'engrais de toutes sortes » (1).

Nous avons déjà exprimé plus haut le regret de ce que beaucoup d'exposants n'avaient joint à leurs produits aucun renseignement. Ce défaut est surtout sensible lorsqu'il s'agit d'engrais mixtes. Là, l'indication des matières premières qui ont servi à la fabrication et la présence d'une analyse donnant le titre en principes nutritifs sont indispensables, et cela pour plusieurs motifs, mais spécialement pour l'appréciation du jury, l'examen utile du visiteur et le commerce même des matières fertilisantes. Nous ne saurions trop approuver, à cet égard, l'acte du jury international qui, dans une de ses premières séances, a été unanimement d'avis d'exclure du concours tout engrais exposé sans les indications nécessaires relatives à sa composition, à son titre et livré au commerce soit sans analyse garantie, soit sans se trouver sous le contrôle d'une station agricole. Le jury international a par cette décision donné un fort appui moral à l'œuvre difficile que poursuivent les stations agronomiques dans le contrôle du commerce des matières fertilisantes. Les produits sur lesquels les fabricants n'avaient donné aucun renseignement étaient fort nombreux. Pour confirmer cette assertion, nous choisissons, parmi nos notes et au hasard, quelques exemples offerts par les expositions de différents pays :

(1) Rapport de M. Marès.
Comptes rendus, 1873. Tome LXXVII ; 1408-1455.

La *London Manure Company* expose toute une série d'engrais spéciaux sans indication des matières premières qui ont servi à leur fabrication, sans renseigner le titre en azote, acide phosphorique ou potasse. La *Fabrique chimique* de Dantzig (Prusse) étale des « engrais chimiques » ; M. *Egger*, de Kitzbuhel (Tyrol), un « engrais artificiel » et un « engrais pour fleurs », sans analyse, sans indication d'aucune sorte. M. *Barbençon*, de Bruxelles, expose, à côté de beaux échantillons de cornes, de sang et de viande en poudre, des engrais spéciaux pour prairies, pour lin et pour betteraves, sans analyse et sans titre : c'est la seule raison qui a empêché le jury international de décerner à cet industriel une distinction. Les expositions française et russe contenaient également des produits qui, à ce point de vue, laissaient à désirer.

Néanmoins nous devons reconnaître qu'il a été fait, en ce qui concerne les renseignements et les analyses fournis par les exposants, un remarquable progrès depuis les Expositions antérieures. On voit que la fabrication des engrais auxiliaires est entrée dans la période scientifique, et partout l'influence féconde de la chimie est à constater ; les usines de quelque importance sont maintenant pourvues de laboratoires et les efforts des stations agricoles sont couronnés de succès. Le plus grand nombre d'échantillons étaient accompagnés de bulletins d'analyses ou renseignaient les titres en principes nutritifs. Toutefois, pour apprécier la valeur d'un engrais, il ne suffit pas d'exprimer son titre centésimal en acide phosphorique, en potasse ou en azote : il faut, en outre, ne se servir, pour la dénomination des engrais, que d'expressions qui ne laissent aucun doute sur la forme sous laquelle se trouve chacun de ces éléments. Sous ce rapport, il y a encore beaucoup à faire. Nous avons traité ce point (1) tout récemment en détail et nous disions, à la fin de notre article sur ce sujet : « La base de tout commerce solide, c'est l'absence, entre le producteur et le consommateur, de toute espèce de doute sur la dénomination et le titre de la marchandise. Une monnaie dont on ne connaît pas exactement le titre n'a pas cours. Et de même que, dans les autres branches du commerce, on se sert de certaines expressions comprises et acceptées par tous les intéressés, le commerce des engrais doit avoir aussi son vocabulaire ; il doit se servir d'*expressions qui ne peuvent pas induire le public en erreur, qui expriment nettement le titre en principes fertilisants, en distinguant clairement les différents états sous lesquels ils se trouvent*. Le cultivateur veut et doit savoir ce qu'il achète. »

Gembloux, janvier 1874.

(1) *Le langage du commerce des engrais.* — *Bulletin de la station agricole*, 45

ANNEXE.

Nous avons parlé (pages 51-54) du guano de poissons, dont la fabrication constitue maintenant une industrie florissante. MM. Friedrich et Menz (firme : Max Friedrich, fabrique de machines à Plagwitz-Leipzig, Saxe) ont installé en Norvége plusieurs grands établissements qui s'occupent spécialement de la production de cet engrais. Ces messieurs exposaient à Vienne, outre le plan détaillé d'une fabrique pour la préparation de tous les produits dérivant des os (poudre d'os, noir animal, colle, graisse, etc.), le dessin d'une installation complète pour la fabrication du guano de poissons et des produits accessoires : graisse, colle, etc. Nous croyons que la publication du plan d'ensemble des diverses dispositions adoptées par MM. Friedrich et Menz est de nature à offrir un certain intérêt. C'est pourquoi nous reproduisons ce plan, qui comporte des constructions pour une fabrique pouvant consommer journellement 8,000 kilogrammes de poissons.

Les appareils permettent d'utiliser les plus grandes baleines, comme les plus petits poissons. Les premières sont d'abord hachées en morceaux et soumises à une pression graduelle dans des presses à vis et des presses hydrauliques. On extrait ainsi l'huile de baleine et une quantité considérable d'eau.

Les grands poissons ainsi traités ou les petits poissons à l'état frais entrent ensuite dans les dégraisseurs (*a*, *a*...), puis dans les chaudières fermées, où ils sont exposés à l'action de la vapeur d'eau, pour l'extraction de la colle.

Lorsqu'on travaille des poissons entiers, cette opération s'effectue dans les appareils *b*, *b* (chaudières fixes), tandis que la chair des grands poissons est traitée dans les chaudières rotatoires. Celles-ci tournent pendant toute la durée de l'action de la vapeur, pour empêcher que la chair s'attache contre les parois de la chaudière, ce qui empêcherait nécessairement son imprégnation complète par la vapeur. L'eau chargée de colle est soutirée par des robinets qui se trouvent au fond des chaudières. Elle est alors concentrée dans les chaudrons *h*, *h*, *h* lorsqu'on veut préparer de la colle ordinaire, ou dans le vacuum *i* pour la fabrication de la gélatine. Après l'extraction de la colle, les poissons passent au séchoir *d*. Leur torréfaction terminée, ils sont broyés et réduits en poudre à l'aide des désagrégateurs *e*. Il ne reste plus alors qu'un tamisage à faire pour séparer la poudre fine des gruaux, qui retournent aux désagrégateurs. Ce résultat est obtenu de la façon suivante : les élévateurs *f*, *f* s'emparent de la matière sortant des broyeurs et la transportent à l'étage, où ils la versent dans des tambours *g*, *g*. Ceux-ci produisent un tamisage mécanique, séparent les parties non suffisamment divisées du guano de poissons réduit en poudre fine, lequel tombe directement dans des sacs.

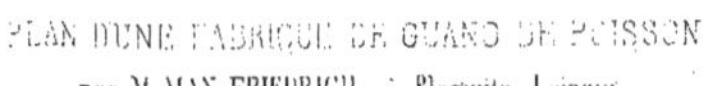
PLAN D'UNE FABRIQUE DE GUANO DE POISSON
par M. MAX FRIEDRICH à Plagwitz-Leipzig.

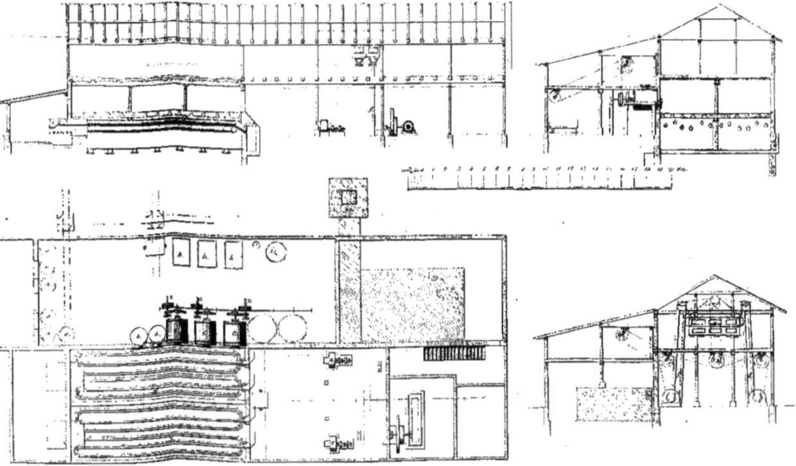

www.ingramcontent.com/pod-product-compliance
Lightning Source LLC
LaVergne TN
LVHW050429160826
845677LV00002BA/617